[英] 约翰 · 艾伦/著　　高歌　沉着/译

甘肃科学技术出版社

一只长着栗色眼睛的树蛙趴在一株以昆虫为食的红色猪笼草上休息。

目 录
Contents

我们吃的橘子是橘子树结的果实。

什么是植物？

植物是生命的形态之一，大部分植物从土里生长出来。很多植物都会长出花、果实和种子。植物有许多不同的形态和大小。树木和灌木等都是植物。

某些花会释放出香甜的气味来吸引昆虫。

草也是一种植物，许多动物以它们为食。

大多数开花植物通常会开出颜色鲜亮的花朵。

花能够吸引鸟类和昆虫，而鸟类和昆虫可以帮助植物繁衍。

趣味小知识

某些树能够存活成百上千年。

苔藓和蕨类是两种不开花的植物。它们生长在那些鲜有光照的地方。

小麦是一种植物，它的种子被我们称为谷物。我们不能直接吃谷物，但是我们可以把它们磨成面粉，然后做成食物。

这株天堂鸟花（学名：鹤望兰）的外形看起来就像鸟儿一样！

植物的各个部分

很多植物有根、茎和叶。大部分植物的根系长在土里，根系牢牢抓住土壤，让植物固定。植物长在地面以上的部分是茎、叶和花。

植物能够在身体内部为自己生产养料，其叶片可以利用阳光为植株提供养料。

植物的茎将养料从根系输送到其他部分，同时也支撑着叶片迎接阳光。

植物的根从土壤里吸收水分和营养供给植物。

植物的各个部分也有着不同的外形、大小和颜色。

上面这些植物是生石花。它们有两片很厚的叶片，看起来像是地面上的岩石或者砾石。

某些植物的茎会绕着其他的植物生长。生长在雨林里的藤蔓（右图）就会这样。

树木坚硬的木质茎被称为树干。

植物的生态环境

树形仙人掌生长在荒漠里。

植物的生态环境是指植物生长的地方。植物能在各种不同的生态环境中生存，它们甚至能在海下生长！

趣味小知识

炎热潮湿的雨林里生长着各种各样的植物，种类极多。

仙人掌上的尖刺其实是它的叶片。在炎热的荒漠环境里，尖刺比普通叶片散失的水分更少。

在寒冷冰封的北极，苔原植物贴近地面成簇生长，以此来抵御寒风。

趣味小知识

某些北极地区的植物在叶、茎和芽上长有绒毛，以此来自我保护。

海洋里生长着长长的海藻。海藻是一种没有根的植物。它们有一种特殊的结构被称为附着器，帮助它们固定在原位。

海藻通过附着器吸附在岩石上。

种子和鳞茎

猕猴桃里的小黑点是它的种子。

植物种子或者鳞茎会长成新的植株。一颗种子就像是一个小小的盒子，里面装着植物生长所需的所有物质。

趣味小知识

昆虫，如蜜蜂和蝴蝶，飞到花丛中是为了吸食花蜜。

冬天，植物长在地面以上的部分会死去，当天气转暖时，新的叶片会从鳞茎中长出。

鳞茎生长在植物地面以下部分的底部。在夏天，植物会将养料储存在鳞茎中。

黄蜂身上覆盖着花药的花粉。

昆虫，如蜜蜂，会将花粉从一朵花的花药处带到另一朵花的柱头上，这个过程被称为授粉。经过授粉后，种子才得以形成。

很多植物都有花。花的花药上覆盖了细细的粉末，被称为花粉。

花的中央是雄蕊，是花的雄性部分。每个雄蕊的顶部都有一个花药。花的雌性部分被称为心皮，心皮的顶部被称为柱头。

蒲公英的种子会被风吹到新的地方繁衍生息。

散播种子

植物有多种方式确保它们的种子能够离开植物母体，在新的地方生长。某些植物的种子会被风吹走而离开母体。

趣味小知识

鸟类会吃掉果实里的种子。种子通过鸟类的粪便重新回到地面上，然后长成新的植物。

这只金刚鹦鹉正在吃青椒。

某些动物会帮忙散播种子。松鼠吃橡子，它们会收集并埋藏橡子。橡子里装着橡树的种子。

风滚草是一种灌木，秋天时，它们会从根部断裂。它们被风吹得在地面上滚动，种子也随之散播到各地。

植物的生命周期

向日葵的种子是鸟类和人类的美味零食。

种子落到土壤中。种子的下部长出根系并扎根土壤。

种子降落到地面。鸟类吃掉种子后，种子会随着粪便排出来，被散播到各地。

植物的生命周期

大部分植物的生命周期都会经历这些阶段。

植物长出了新的种子。

昆虫为花朵授粉。

生命周期是指动物或植物在其整个生命过程中经历的不同阶段和各种变化。这个示意图展示了植物的生命周期。

一个嫩芽从种子里长出来，冲破土壤露出地面。图中的嫩芽还覆盖着种子的外种皮。

嫩芽上长出了小叶片。

嫩芽越长越高，越长越壮，接着长出了更多的叶片。

一个花蕾出现了，花蕾长成了花朵。

神奇的植物

大王花

植物要经过授粉才能长出种子。昆虫降落在一株植物上，然后携带着花粉降落到另一株植物上完成授粉。

这是大王花的花蕾。

趣味小知识

大王花是世界上最大的花！它的直径能够长到近1米。

许多植物凭借五颜六色的花朵和强烈的味道来吸引昆虫。大王花的味道非常难闻，像是腐烂的肉类或者蛋，苍蝇喜欢这种味道，会被花朵吸引。

大王花生长在东南亚的雨林里。

大王花没有叶片，只有一朵巨大的花朵，它的花期仅有几天。

神奇的植物

猪笼草

猪笼草有许多不同的外形和色彩。

猪笼草生长在热带雨林及其他地面潮湿的地方。猪笼草是肉食性植物——这意味着它们吃肉。它们有一个特殊的囊袋，又称为捕虫囊，能够困住小型昆虫。

一只跳蛛在猪笼草里躲雨，或许它会成为一顿美味佳肴

趣味小知识

某些猪笼草会吃蜗牛、青蛙，甚至小老鼠！

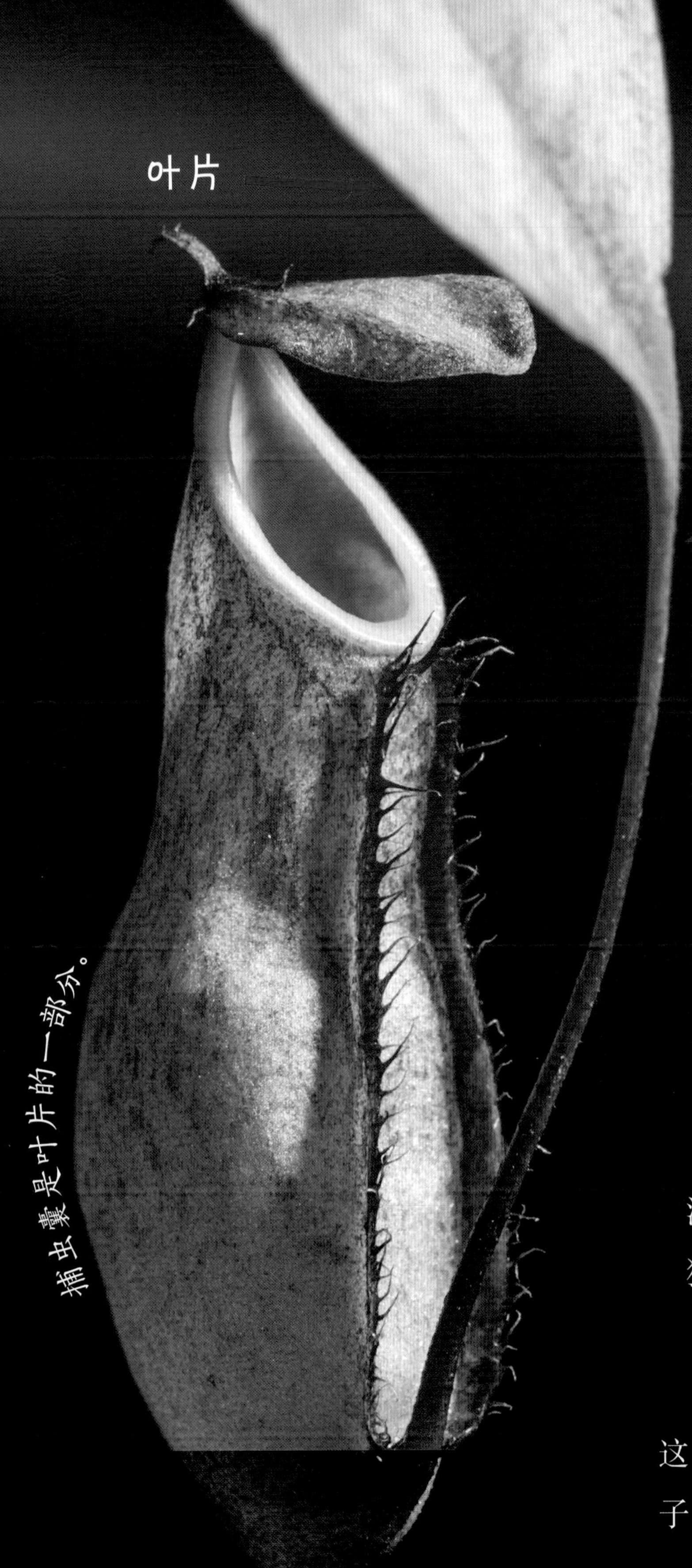

捕虫囊是叶片的一部分。

猪笼草的捕虫囊就像是一根薄壁管。当昆虫过来品尝管子中甜美的汁液时，就会沿着滑溜溜的管壁滑下去，并且无法逃离。

昆虫被淹死在管子底部的一摊汁液里。它们的身体会被分解，而后被猪笼草消化。

猪笼草在 4~11 月间都可以开花。这些花由蜜蜂授粉，并在花里形成种子。种子成熟后落到地面上。

捕虫囊通过一根又长又细的卷须连接到叶片上。

神奇的植物 树形仙人掌

树形仙人掌可以存活100年。当它们长到35岁左右时，便会开始开花。

吉拉啄木鸟在树形仙人掌的主干上挖洞筑巢。

趣味小知识

树形仙人掌的花朵在午夜开放，并在隔天的中午凋谢。

蝙蝠、蜜蜂和鸟类会食用花朵的花蜜。在此过程中，它们的身体会沾到花朵的花粉。

树形仙人掌把水分储藏在主干里。

春天，仙人掌主干和分枝的顶部会长出花蕾。花蕾会开出巨大、洁白的花朵。

当动物将花粉从一株仙人掌带到另一株仙人掌时，就会发生授粉并产生种子。

椰子树

椰子树的雄花和雌花长在同一棵树上。当树开完花，就会形成新的种子。椰子树的果实被称为椰子。

椰子里白色的部分被称为椰肉，可供我们食用。

椰子树通常长在海滩上。许多椰子会被冲到海里。它们在海面上一直漂浮着，直到在另一片海滩上着陆。

椰子里都是甜甜的汁水。

当椰子到达了新的地方，会开始发芽。大约七年后，这颗新椰子树将开花结种。

趣味小知识

椰子壳可以用来制作盆罐和杯子。

一般椰子都是成串生长在椰子树的叶片下。当椰子成熟时，它们会掉到地面上。

椰子皮里面是一层厚厚的、有点像头发丝的椰衣纤维。在这层纤维之下是种皮，种皮上有三个“眼”，新芽就从那里长出。

喷瓜

喷瓜长在沙地或者多石地中。这种植物有厚厚的、毛茸茸的、贴地生长的茎。它的果实是绿色的，呈长条形，看起来有点像毛茸茸的小黄瓜。

这种植物的黄色花朵会被诸如蜜蜂之类的昆虫授粉。

每个果实里有 *25~50* 个种子。

趣味小知识

喷瓜的种子被喷射时，速度最高可达 100 千米 / 时！

喷瓜的果实里充满了果汁和种子。果实越长越大，等到成熟后，它会突然炸开，里面的种子就像子弹一样被射出来。

葫芦科植物的果实长着坚硬的外壳。

喷瓜属于葫芦科植物，其果实干燥后，空出来的外壳可以用来制作杯子、碗或者乐器。

猴面包树

猴面包树生长在非洲炎热干燥的大草原上。一旦下雨，猴面包树可以在树干里储藏多达约 12 万升的水——足以装满一个花园大小的游泳池！

这些是猴面包树果实内部的种子。

图中可以看到花朵的花药。

这种树一年里有 9 个月都是光秃秃的。然后它会长出叶和花。巨大的白色花朵会在夜间开放。

猴面包树的花闻起来有一股香甜的气味，可以吸引夜行动物，如蝙蝠。动物们的身体会沾上花粉，帮助花朵授粉，然后树就可以长出巨大的果实了。

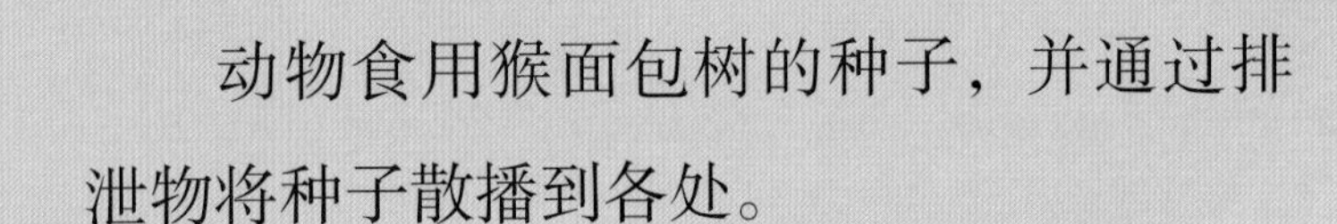

动物食用猴面包树的种子，并通过排泄物将种子散播到各处。

大象、羚羊和猴子会吃猴面包树的种子。

猴面包树也被称为倒立树，因为它们看起来就像是从树木的顶部长出了根。

趣味小知识

猴面包树生长到 20 岁左右时，会开始开花。它们最多可以存活 3000 年！

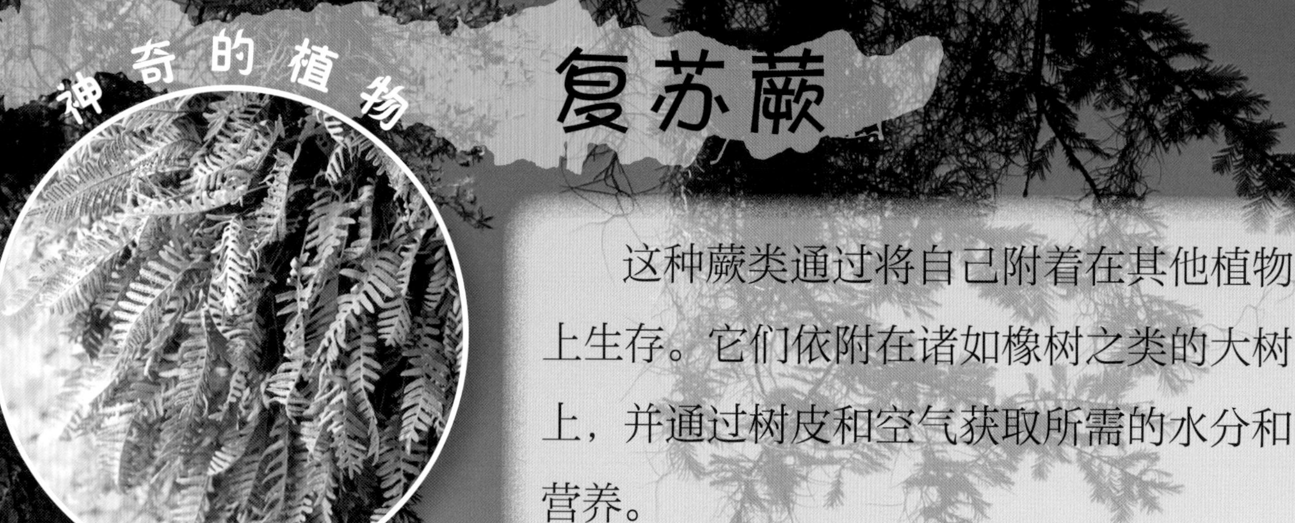

这是蕨类的叶子。

复苏蕨

这种蕨类通过将自己附着在其他植物上生存。它们依附在诸如橡树之类的大树上，并通过树皮和空气获取所需的水分和营养。

趣味小知识

复苏蕨之所以叫这个名字是因为它可以从垂死的边缘重获新生！

不下雨的时候，复苏蕨的叶子变成褐色，皱缩起来，看起来就像是死了，它们能以这种状态存活数年。

蕨类不产生种子，而会产生细小的孢子，孢子非常小，需要显微镜才能看见。

当孢子降落到新的地方时，它们会长出非常细的根，被称为假根。这种根为孢子提供水分。孢子会长成新的蕨。

这些褐色斑点被称为孢子囊。孢子就在孢子囊里。

一场雨后，蕨叶舒展开，变成绿色，看起来像是重获新生一般。

奇妙的大自然

你喜欢吃这些种子吗?

植物是生态环境中非常重要的部分。植物为动物（包括人类）提供食物和庇护。作为回报，动物能以多种方式帮助植物生存！

某些植物的花看起来就像是昆虫或者鸟类，例如这株蜜蜂兰。这种花能够诱骗昆虫和鸟类前来。

这是玛士撒拉树，已经存活了4800多年，是世界上依然存活着的最古老的树。

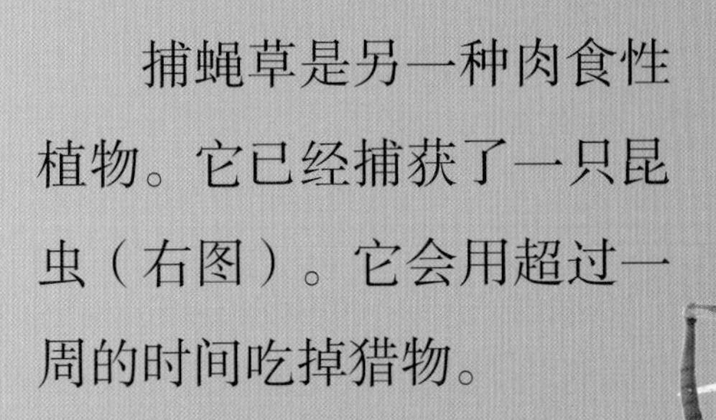

捕蝇草是另一种肉食性植物。它已经捕获了一只昆虫（右图）。它会用超过一周的时间吃掉猎物。

趣味小知识

这是一棵龙血树。它的树皮会渗出红色的树脂，因此人们赋予了它这个与众不同的名字。

某些动物会经过长有尖刺的植物。尖刺卡在动物的毛发或者皮毛上，被携带到新的地方，种子就会在那里生长。

图书在版编目（CIP）数据

我的第一套动植物百科全书．6，植物 /（英）约翰
·艾伦著；高歌，沉着译．-- 兰州：甘肃科学技术出
版社，2020.11
ISBN 978-7-5424-2652-9

Ⅰ．①我… Ⅱ．①约… ②高… ③沉… Ⅲ．①植物－
儿童读物 Ⅳ．① Q95-49 ② Q94-49

中国版本图书馆 CIP 数据核字（2020）第 229134 号

著作权合同登记号：26-2020-0103

我的第一套动植物百科全书
[英] 约翰·艾伦 著
高歌 沉着 译

责任编辑 韩 波
封面设计 韩庆熙

出 版 甘肃科学技术出版社
社 址 兰州市读者大道 568 号 730030
网 址 www.gskejipress.com
电 话 0931-8125103（编辑部）0931-8773237（发行部）
京东官方旗舰店 https://mall. jd. com/index-655807.html

发 行 甘肃科学技术出版社　　印 刷 雅迪云印（天津）科技有限公司
开 本 889mm×1194mm 1/16　　印 张 12　　字 数 100 千
版 次 2021 年 1 月第 1 版
印 次 2021 年 1 月第 1 次印刷
书 号 ISBN 978-7-5424-2652-9
定 价 128.00 元（全 6 册）

图书若有破损、缺页可随时与本社联系：0931-8773237